BIBLIOTHÈQUE SCIENTIFIQUE
DES ÉCOLES & DES FAMILLES

15 CENTIMES

DIRECTEUR
GUSTAVE PHILIPPON
Docteur ès sciences.

L'Alimentation des Plantes

LEUR NOURRITURE

Par E. ROUX
ASSISTANT DE PHYSIQUE VEGÉTALE AU MUSÉUM

HENRI GAUTIER, éditeur, 55 Quai des Gds Augustins. PARIS

N° 60 | Il paraît un volume tous les quinze jours

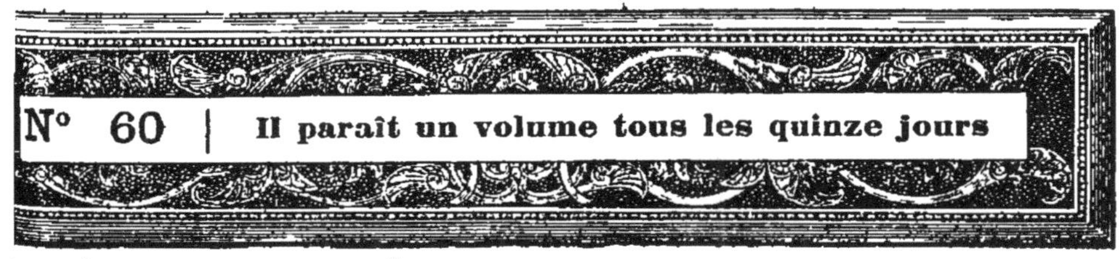

Bibliothèque Populaire

A DIX CENTIMES

Collection des Œuvres les plus remarquables de toute les littératur

CONDITIONS DE VENTE

CHEZ TOUS LES LIBRAIRES,

MARCHANDS DE JOURNAUX

ET DANS LES GARES

LE VOLUME : 10 CENTIMES

✱ *Franco* par la poste en s'adressant
M. HENRI GAUTIER, directeur,
55, quai des Grands-Augustins, Pari

Un volume : 15 centimes

✱ 2 vol. 25 centimes, 25 vol. 3 franc

Il suffit d'indiquer le numéro des Volumes qu'on désire, sans donner le titre.

VOLUMES EN VENTE (*Suite*)

335. *De Humboldt.* Lettres à une amie.
336. *Michaud.* La Prise de Jérusalem. — Le Tableau d'une Auberge.
337. *Chateaubriand.* Voyage en Amérique.
338. *Moncrif.* Les Chats.
339. *Mme de Rémusat.* Les Confidences d'une Impératrice.
340. *Horace.* Les Quatre Livres des Odes.
341. *Bossuet.* Henriette d'Angleterre.
342. *Stendhal.* Souvenirs vécus d'un chevau-leger d'avant-garde.
343. *Alarcon.* La Vérité suspecte.
344. *Mme Adam* La Patrie hongroise.
345. *Démosthène.* Discours sur la couronne.
346. *Princesse des Ursins.* Lettres de la Camerera Mayor.
347. *Shakespeare.* Richard III.
348. *Pétrarque.* Africa.
349. *Delille.* Poésies.
350. *C. Bancroft.* La Naissance des Etats-Unis.
351. *Lesage.* Episodes de Gil Blas.
352. *Jacques de Voragine.* La légende dorée.
353. *Racine.* Port-Royal.
354. *Ouida.* Fresques.
355. *Raymond de Carbonnières.* Les Pyrénées
356. *P de Nolhac.* Marie-Antoinette à Trianon.
357. *Cicéron.* Les Catilinaires.
358. *Grimm.* Contes et Légendes.
359. *Platon.* Criton.
360. *Jules Tellier.* Le Rêve de Mohammed. — De Toulouse à Girone, etc.
361. *Boileau.* Episodes du Lutrin.
362. *Georges Eliot.* Le Moulin sur la Floss.
363. *Benjamin Constant.* Les Cent Jours.
364. *Virgile.* L'Enéïde (Livres I et II).
365. *Carmontelle.* Il ne faut jurer de rien.
366. *De Marchangy.* Tristan le voyageur.
367. *Les grands orateurs anglais,* Burke et Fox.
368. *Molière.* Le Médecin malgré lui.

369. *La Fontaine.* Fables (Livres I, II, III
370. *Mendoza.* Lazarille de Tormès.
371. *Chatterton.* La Bataille d'Hastings.
372. *Racine.* Esthor.
373. *Marmontel.* La Société littéraire xvIIIe siècle.
374. *La Satire Ménippée.*
375. *Vicomte de Bonald.* L'Education sociale.
376. *Poinsinet.* Le Cercle ou la Soirée à l mode.
377. *Président de Brosses.* Lettres familières sur l'Italie.
378. *Walter Scott.* Les Deux Bouviers. — La Dame en sac.
379. *Joubert.* Pensées et Correspondance
380. *Cardinal de Richelieu.* Testament politique.
381. *Beaumarchais.* Le Procès Goëzman
382. *Mably.* Entretiens de Phocion.
383. *Picard.* La Petite Ville.
384. *Balzac.* Le Socrate chrétien.
385. *Agrippa d'Aubigné.* Episodes de la du roi de Navarre.
386. *Mme Beecher Stowe.* La Case de l'cle Tom.
387. *Crangier de Liverdys.* Voyage en Ital
388. *Casimir Delavigne.* Les Enfan d'Edouard.
389. *Chateaubriand* Le Génie de Christia nisme.
290. *Sophocle.* Philoctète.
391. *Rabelais.* Gargantua et Pantagruel.
392 *Miss Cummins.* L'Allumeur de Réver bères.
393. *Comte de Ségur.* Souvenirs de l Guerre d'Amérique.
394. *Chardin.* Voyage en Perse et aux Indes
395. *Mgr Ireland.* L'Eglise et le Siècle.
396. *Las Cases.* Mémorial de Sainte-Hélène
397. *Shakespeare.* La Tempête.
398. *René Caillié.* Tombouctou.
399. *Stendhal.* Une Aventure aux bords d lac de Côme. — L'Evasion.

L'Alimentation des Plantes

LEUR NOURRITURE

PAR E. ROUX

Assistant de Physique Végétale au Muséum.

AVANT-PROPOS

I

Comment [les milliers de kilos de matière végétale : tiges, feuilles, graines, que le cultivateur récolte tous les ans sur son champ, alors qu'il n'y avait semé que quelques kilos de grains peuvent-ils se former?

L'illustre Lavoisier a formulé le principe célèbre, duquel date l'orientation nouvelle et si féconde des sciences physiques et naturelles: « Rien ne se perd, rien ne se crée. »

Ces milliers de kilogs de matière végétale viennent de l'air, de l'eau, du sol, du milieu dans lequel les plantes ont vécu. Elles s'y sont *nourries*, elles y ont puisé, absorbé et assimilé les matériaux dont elles ont constitué les tissus de leurs organes.

Car les plantes se nourrissent comme se nourrissent les animaux.

Ne pouvant se mouvoir, se déplacer en quête de nourriture, la plante élève dans l'air une multitude de rameaux couverts de feuilles et plonge, dans le sol, d'innombrables racines, qui vont en tous sens, et souvent fort loin, attaquer au moyen des sucs acides qu'elles contiennent, les roches les plus compactes, pour en extraire les matériaux nécessaires à leur nutrition.

Les feuilles et les racines sont les organes par lesquels se nourrit la plante.

II

L'œuf contient des aliments, sorte de provision de nourriture donnée par la mère, en quantité suffisante pour nourrir le jeune et l'amener au point où, suffisamment armé, il brise sa coquille et prend la clef des champs.

De même, dans la vie végétale, le germe qui doit donner naissance à un nouveau sujet se trouve enfermé, lui aussi, dans une graine, sorte d'œuf, où la plante mère a accumulé les aliments de prévoyance, qui vont servir à nourrir la plante pendant son premier âge.

Un peu de chaleur, que la mère fournit, (que la lampe d'une couveuse peut produire aussi) : c'est le signal de la vie, le germe se développe et le poulet éclôt, abandonnant son œuf dont il ne reste que la coquille.

Un peu d'eau, une température moyenne, et la graine, dans laquelle l'embyron sommeille, germe aussitôt : les racines apparaissent, la tige s'élance et croît, de petites feuilles se montrent, pendant que les matériaux de la graine s'épuisent et disparaissent peu à peu.

Un peu d'eau a suffi. — On peut faire germer des graines dans du papier buvard humide, sur de l'ouate, et sur du verre pilé mouillés.

Mais lorsque la graine est vidée, la provision d'aliments épuisée, la jeune plante n'a plus qu'à compter sur elle-même : elle fait ses débuts dans la vie. Sa vigueur, son développement dépendront de la nature et de la quantité des aliments qu'elle pourra se procurer et s'assimiler.

Quels sont ces aliments? sous quel état les absorbe-t-elle? comment se les procure-t-elle?

C'est ce que nous voulons exposer.

CHAPITRE PREMIER

COMPOSITION DES VÉGÉTAUX.

Alors que le botaniste observe entre les végétaux des différences nombreuses, le chimiste, se plaçant à un point de vue différent, constate entre eux la plus grande ressemblance. L'analyse chimique montre que toute matière végétale, quelle que soit sa forme, qu'il s'agisse d'un arbre ou d'un brin d'herbe, est toujours constituée des mêmes éléments : les différences résident seulement dans l'arrangement de ces éléments dans leur plus ou moins d'importance quantitative.

Ces éléments sont les matériaux dont le monde végétal est construit.

On peut les classer en deux groupes.

Les uns sont volatils. Ils disparaissent lorsqu'on brûle la plante.

Ce sont le carbone, l'hydrogène, l'oxygène, l'azote.

Ils représentent au moins 95 0/0 du poids de la plante, et constituent la *matière organique* dont la composition, est presque identique chez tous les végétaux.

Elle est à peu près la suivante :

Carbone. . . .	50 %	
Hydrogène . .	4	à 6 %
Oxygène . . .	40	à 45 %
Azote.	0,2	à 6 %

D'ailleurs les chiffres suivants, qui représentent la composition de la *matière organique* d'un trèfle et d'un chêne, en sont un exemple :

	Trèfle (1)	Chêne (2)
Carbone. . . .	51,3	50,6
Hydrogène . .	5,4	6,0
Oxygène . . .	41,1	42,0
Azote	2,2	0,28

1. Boussingault.
2. Chevandier

Quand on brûle une matière végétale, le carbone s'unit à l'oxygène de l'air et se dégage sous forme d'acide carbonique; l'hydrogène et l'oxygène, (qui ne sont que les éléments constitutifs de l'eau,) s'échappent sous forme de vapeur d'eau, et l'azote, toujours combiné avec les éléments précédents pour former des composés variés à l'infini, se dégage à son tour.

Les autres éléments sont fixes.

En brûlant la plante, ils restent à l'état de *cendres*, et sont la partie *minérale* qui ne représente que quelques centièmes du poids de la matière.

Donc, matière organique d'une part, matières minérales ou cendres, d'autre part.

Comme exemple voici la composition, d'après **Wolff**, d'une récolte de 10.000 kilos de luzerne sèche :

10.000 k. de luzerne sèche contiennent :

matières organiques	Carbone.	5.000 k.
	Oxygène.	4.000 k.
	Hydrogène . . .	520 k.
	Azote	300 k.
matières minérales	Cendres.	180 k.
		10.000 k.

10.000 kilos de bois auraient une composition à peine différente.

Cette grande similitude dans la composition des végétaux fait pressentir que les plantes doivent se nourrir, toutes, presque de la même façon, absorber les mêmes aliments et les puiser aux mêmes sources.

Il en est bien ainsi.

Les végétaux tirent leur *carbone* de l'acide carbonique de l'air;

L'oxygène et *l'hydrogène* de l'eau;

L'azote, de l'air et du sol;

Toutes les autres substances. c'est-à-dire celles qui forment les cendres, du sol.

Nous allons voir de quelle manière se produit l'assimilation par les plantes de chacun de ces éléments.

CHAPITRE II

ASSIMILATION DU CARBONE

1. — *Historique.*

Lorsque du charbon pur, ou carbone, brûle librement dans l'air, il se dégage un gaz, l'acide carbonique, résultat de la combinaison du carbone avec l'oxygène contenu dans l'air.

L'air atmosphérique contient en moyenne 3 litres d'acide carbonique par 10 mètres cubes. Cette proportion se trouve sensiblement plus élevée dans les villes et un peu plus faible dans la campagne. Ce qui s'explique puisque ce gaz est le produit des combustions qui s'opèrent à la surface du sol; non seulement des combustions vives (foyers) mais aussi des combustions lentes que sont la respiration des animaux et la putréfaction des matières organiques répandues sur toutes les terres. Les volcans en produisent constamment d'énormes quantités, mais les mouvements de l'atmosphère, brassant les couches d'air, répartissent le gaz carbonique, si bien qu'en tous lieux, on trouve sensiblement la même proportion de 3 litres de ce gaz pour 10 mètres cubes d'air.

C'est de cet acide carbonique que les végétaux retirent leur carbone.

Bonnet, vers 1760, avait déjà remarqué que des bulles gazeuses apparaissent sur des feuilles immergées dans de l'eau, lorsque la lumière les éclaire. Il crut qu'il n'y avait là qu'un phénomène dû à l'échauffement des feuilles par la lumière.

C'est à Priestley que revient le grand honneur d'avoir découvert en 1771 que les plantes absorbent l'acide carbonique et dégagent de l'oxygène. Sous une cloche où une chandelle avait fini par s'éteindre, il avait introduit un pied de menthe et quelques jours après il avait constaté que l'air contenu dans la cloche était purifié et redevenait propre à la combustion; une chandelle pouvait de nouveau y brûler. Saisissant toute la magnifique importance de ce fait il voit

commcnt la création végétale répare « le tort que font con-
« tinuellement à l'air la respiration d'un si grand nombre
« d'animaux et la putréfaction de tant de masses de matière
« végétale et animale. »

La chandelle en brûlant avait consommé tout l'oxygène
contenu dans l'air de la cloche et produit une quantité
correspondante d'acide carbonique, ce qui avait amené son
extinction. C'est parce que le pied de menthe introduit
sous cette cloche s'est emparé du gaz carbonique produit
et qu'il a remis de l'oxygène en liberté que l'air s'est trouvé
de nouveau propre à entretenir la combustion de ladite
chandelle.

En 1780, Ingenhousz démontra que la lumière était indispensable à l'accomplissement du phénomène, donnant ainsi
l'explication de certains échecs éprouvés par Priestley, qui
n'avait pas pu répéter son expérience toujours avec le même
succès.

Sennebier, de Genève, rattachant les deux termes de l'ob-
servation, établit que l'oxygène dégagé par les plantes pro-
venait précisément de l'acide carbonique qu'elles absorbent
et qui se trouve décomposé en ses éléments : le carbone
étant retenu et fixé, l'oxygène se trouve libre et se dégage.

Le monde végétal se nourrit de l'acide carbonique que le
monde animal exhale. Ainsi se trouve fermé le cycle d'évolution du carbone.

Les végétaux purifient l'air souillé par les animaux.

2. — *Fonction chlorophyllienne.*

Toutes les parties d'un végétal ne peuvent pas ainsi s'emparer de l'acide carbonique pour fixer son carbone. On a
reconnu que, seuls, les organes colorés en vert sont doués
de cette propriété et, comme leur coloration est due à la
présence, dans les cellules constituant leurs tissus, de fines
granulations de chlorophylle, on désigne souvent cette
propriété sous le nom de fonction chlorophyllienne.

3. — *Énergie du phénomène.*

Lorsque l'animal par sa respiration exhale de l'acide carbonique produit par la combustion du carbone dans ses

poumons, la chaleur dégagée par cette combustion est l'origine, la source de la chaleur animale.

Lorsque la plante par un travail inverse absorbe cet acide carbonique et le résout en ses éléments elle ne peut réaliser une pareille décomposition qu'en restituant la chaleur que la combustion avait dégagée. C'est la lumière solaire qui lui fournit cette chaleur.

Il est facile d'évaluer par le calcul l'énorme quantité de chaleur, et par conséquent l'énergie considérable mise en jeu, par ce travail de la fixation du carbone dans les tissus végétaux.

Quand on brûle dans l'air 1 kilogramme de charbon pur, de carbone, il se forme de l'acide carbonique et la chaleur dégagée par cette combustion est capable d'élever de un degré la température de 8.133 kilogrammes d'eau, ce qu'on exprime en disant qu'elle est égale à 8.133 calories.

Lorsque dans la récolte nous constatons la présence de 1 kilogramme de carbone, lequel a été pris à de l'acide car-- bonique par une opération inverse à celle de la combustion précédente, il faut bien admettre que les 8.133 calories dégagées ont été restituées.

Un végétal dépense donc 8.133 calories par kilogramme de carbone qu'il fixe.

Une récolte de luzerne, qui peut renfermer facilement 5.000 kilos de carbone, aura donc dépensé pour fixer cette quantité un nombre de calories égal à 5.000 fois 8.133 :

soit 40.655.000 calories. (1)

1. Pour rendre plus saisissante la quantité de chaleur mise en jeu on peut la calculer en énergie mécanique.

On sait que chaque calorie représente 430 kilogrammètres, c'est-à-dire que cette quantité de chaleur, dans un appareil approprié, serait capable d'élever d'une hauteur de 1 mètre et en 1 seconde un poids de 430 kilo-grammes.

La quantité de chaleur absorbée par la fixation de 5.000 kilos de carbone égale donc, en kilogrammètres

$$40.655.000 \times 430$$

D'autre part, le cheval-vapeur représente par seconde 75 kilogrammètres, ce qui fait pour les 3.600 secondes de l'heure 270.000 kilogrammètres, ou pour une journée de 10 heures 2.700.000 kilogrammètres.

Il y a donc là une énergie considérable, empruntée à la lumière solaire. Elle n'est cependant qu'une très faible partie de celle que les rayons du soleil sont capables de fournir.

4. — *Volume de l'air qui intervient.*

Nous avons supposé une récolte contenant 5.000 kil. de carbone à l'hectare, et nous avons dit que l'air contenait 0 lit. 3 d'acide carbonique par mètre cube d'air, soit 0 gr. 6 d'acide carbonique, lesquels renferment 3/11 de carbone, ou 0 gr. 163 de carbone.

Une pareille récolte, sur un hectare, a donc dû s'emparer de l'acide carbonique contenu dans une couche d'air de 3.000 mètres d'épaisseur. Un tel chiffre s'explique, si l'on sait que l'absorption de l'acide carbonique par les feuilles, se fait instantanément, ainsi que l'ont prouvé les expériences de MM. Dehérain et Maquenne ; si l'on tient compte également du renouvellement incessant de l'atmosphère et enfin de la surface d'absorption considérable que présentent les plantes par leurs feuilles. Boussingault a calculé que cette surface des feuilles atteint, à l'hectare, pour :

du froment en fleur. . . . . 35.490 mètres carrés
des pommes de terre en fleur . . . 39.640 . —
des betteraves, en octobre . . . . . 49.921 —

5. — *Influences diverses qui favorisent ou ralentissent l'assimilation du carbone.*

L'absorption et la décomposition de l'acide carbonique de l'air par les parties vertes des plantes est un phéno-

---

Donc en calculant la quantité de chaleur absorbée par la fixation de 5.000 kil. de carbone, on trouve en journées

$$\frac{40.655\,000 \times 430}{2.700.000} = 6.475 \text{ journées de cheval-vapeur}$$

Mais un semblable travail ne s'effectue pas en un jour.

Pour fixer 5.000 kil. de carbone la luzerne a mis 4 mois, soit 120 jours. En répartissant sur ce temps les 6.475 journées précédentes, on voit que l'énergie mise en jeu par la culture est par hectare et par jour de

54 chevaux-vapeur

rien que pour la fixation du carbone.

mène dont l'intensité est éminemment variable. Diverses causes peuvent le favoriser ou le ralentir.

L'*humidité* des feuilles favorise l'absorption de l'acide carbonique, et les feuilles jeunes, qui sont bien plus aqueuses que les autres, fixent dans le même temps beaucoup plus de carbone que les vieilles.

Expériences de Boussingault.

	Humidité	Acide carbonique décomposé en 1 heure	
Feuilles normales.	60 °/₀	15 cc	9
Feuilles en voie de dessication	36 °/₀	10	8
	29 °/₀	2	9
	0 °/₀	0	0

Les deux *faces* d'une même feuille ne se comportent pas de la même façon. L'envers des feuilles est généralement moins coloré; par sa position il reçoit beaucoup moins de lumière que l'endroit : on conçoit que l'absorption de l'acide carbonique se fasse avec plus d'énergie par la face supérieure.

La *température* influe sur le phénomène. C'est vers 30 degrés qu'elle est le plus favorable; pour les plantes d'Europe, du moins.

Si l'on augmente artificiellement la *teneur* de l'atmosphère en acide carbonique, les plantes en absorbent davantage, et l'assimilation présente son maximum d'intensité, lorsque l'air contient 3 litres de ce gaz par mètre cube, c'est-à-dire, dix fois sa proportion normale. A plus forte dose, il devient plutôt nuisible, et MM. Dehérain et Maquenne ont reconnu que lorsque l'air contient 2 à 3 0/0 d'acide carbonique, les plantes deviennent jaunâtres, n'augmentent pas de taille, et se gorgent d'amidon. Les feuilles, trouvant de l'acide carbonique à profusion, semblent n'avoir pas besoin de s'étaler; elles restent petites.

On peut voir dans le développement foliacé actuel du monde végétal, une adaptation à la richesse actuelle de l'atmosphère en acide carbonique.

L'air contenant relativement peu d'acide carbonique les végétaux ont dû développer une surface de feuilles considérable pour pouvoir en trouver suffisamment.

A en juger par le développement colossal des plantes primitives, dont le système foliacé était peu développé et dont les débris constituent les bancs de houille, l'atmosphère, à cette époque, devait avoir une composition sensiblement différente de la nôtre et contenir, notamment, plus d'acide carbonique qu'elle n'en contient de nos jours.

L'atmosphère, depuis ces temps, paraît s'être appauvrie en acide carbonique. Si la respiration des animaux, la putréfaction, les volcans, ne déversaient chaque jour des torrents de ce gaz dans l'air, celui-ci en serait bien vite dépouillé par l'activité végétale, et dès lors toute vie serait arrêtée sur la terre.

La nature de la *lumière* qui frappe les plantes influe beaucoup sur leur pouvoir assimilateur du carbone.

On sait qu'il faut distinguer dans le spectre solaire, trois sortes de rayons. Les rayons lumineux sont seuls perceptibles à nos sens, mais les rayons calorifiques et les rayons chimiques forment, eux aussi, deux autres spectres, qui se superposent au spectre lumineux, et que notre œil ne perçoit pas.

Les *rayons chimiques*, qui se trouvent dans la partie violette du spectre, particulièment abondants dans l'éclairage électrique par lampe à arc, sont absolument nuisibles. MM. Dehérain et Maquenne, en 1881, à l'Exposition d'électricité, ont constaté que des plantes enfermées dans une serre éclairée par une lampe à arc de 1.000 bougies n'ont pas tardé à noircir et à mourir.

Les *rayons calorifiques*, situés dans la partie rouge du spectre, au lieu de favoriser l'absorption de l'acide carbonique, *produisent une réaction inverse.* Sous leur influence, les plantes *respirent, comme le font les animaux,* dégagent de l'acide carbonique formé au détriment de leur propre carbone et diminuent de poids. C'est, d'ailleurs, ce qui se produit par un soleil trop ardent, la respiration devient tellement intense qu'elle l'emporte sur l'assimilation et que la plante dépérit, perdant plus de carbone qu'elle n'en gagne.

Quant aux *rayons lumineux* du spectre, la lumière, nous avons vu que la fonction chlorophyllienne ne s'établissait que sous leur action.

Dès que les plantes sont à l'obscurité, elles cessent d'assi-

miler le carbone, mais elles continuent à respirer ; elles con-
sument alors une partie du carbone qu'elles avaient fixé
pendant le jour. La nuit, les plantes dégagent de l'acide carbonique, et diminuent de poids. Comme nous venons de voir
que la chaleur favorisait cette désassimilation, il s'ensuit
qu'il est bon de laisser les plantes passer la nuit dans un endroit frais.

Parmi les rayons lumineux, il en est dont l'action favorise plus particulièrement l'absorption de l'acide carbonique : ce sont les rayons jaune orange ; tandis que les rayons
verts n'ont presque pas d'action.

Ceci explique que la végétation soit si languissante à
l'ombre des feuillages. Ceux-ci absorbent les rayons rouges,
oranges, jaunes, bleus et violets, et ne laissent passer que
les rayons verts, d'où leur coloration verte.

Dès lors les plantes qu'ils abritent ne reçoivent, comme
lumière, que des rayons verts, lesquels sont les moins favorables à la fixation du carbone ; d'où leur étiolement.

Peut-être doit-on voir encore dans cette coloration des
feuilles un phénomène d'adaptation. Les plantes étaient inco-
lores à l'origine, mais la lumière solaire s'affaiblissant, elles
se sont peu à peu colorées pour absorber et retenir au passage
le plus possible de rayons lumineux Elles ne laissent passer,
de nos jours, que les rayons verts, peut-être, un jour, les
retiendront-elles aussi. Alors, les feuilles paraîtront noires !

CHAPITRE III

ASSIMILATION DE L'OXYGÈNE ET DE L'HYDROGÈNE

1. — *Leur origine.*

Les plantes contiennent en général 40 0/0 d'oxygène et
5 0/0 d'hydrogène ; une récolte de 10.000 kilos de luzerne,
sèche contient en effet, approximativement :

Oxygène. . . . . 4.000 kilos.
Hydrogène. . . . . 520 kilos.

Ces éléments ont été empruntés à l'eau. Car l'eau est une combinaison de 8 parties d'oxygène avec 1 partie d'hydrogène.

C'est en absorbant de l'eau que les plantes se trouvent absorber de l'oxygène et de l'hydrogène.

Les organes de la plante sont le siège d'une circulation d'eau très active qui, puisée dans le sol, retourne dans l'air par l'évaporation ; car les plantes ne fixent pas dans leurs tissus toute l'eau qu'elles absorbent. Bien loin de là, elles en rejettent dans l'atmosphère sous forme de vapeur la presque totalité, ainsi que nous allons le voir plus loin.

2. — *Évaporation.*

L'eau puisée dans le sol par les racines arrive dans les feuilles où, au contact de l'air, elle s'évapore en grande partie.

L'évaporation de l'eau par les feuilles, ou *transpiration*, est un phénomène d'une intensité variable mais toujours très grande.

Sur une même plante les feuilles les plus basses sont celles qui évaporent le moins d'eau.

Expériences de M. Dehérain

En une heure 100 grammes de feuilles de seigle prises au sommet au milieu ou en bas du pied évaporent :

Haut. . . . . 92 grammes d'eau
Milieu. . . . . 78 — —
Bas. . . . . 71 — —

L'évaporation est plus active chez les feuilles caduques que chez les feuilles persistantes, dont la vie est plus longue.

Une élévation de température la favorise. D'après Burgerstein, 100 grammes de rameaux d'if évaporent en une heure.

à + 17°. . . . . 1 gr. 491 d'eau
à + 1°. . . . . 0 gr. 665 —
à — 5°. . . . . 0 gr. 131 —
à — 10°. . . . . 0 gr. 19 —

Même aux températures les plus basses l'évaporation est encore sensible ; ce qui permet à certains végétaux de vivre dans des régions glacées.

L'humidité de l'air entrave la transpiration, qui cesse même complètement dans l'air saturé d'eau. Un grand excès d'humidité est donc funeste à la vie végétale, puisqu'il arrête l'évaporation, et par conséquent le mouvement de l'eau dans les plantes, tandis que la siccité de l'air est une condition favorable, si, toutefois, elle n'est pas poussée trop loin.

Sous un climat tempéré comme le nôtre, l'air est toujours beaucoup plus humide la nuit que le jour, ce qui fait que les plantes évaporent beaucoup plus d'eau le jour que la nuit.

La lumière influe aussi beaucoup sur la transpiration des feuilles.

M. Dehérain a trouvé que 100 grammes de feuilles de blé, évaporent en une heure :

au soleil	à la lumière diffuse	à l'obscurité
88 g. 2	17 g. 7	1 g. 1

Le seul passage d'un nuage suffit à ralentir l'évaporation, et l'appareil suivant, dû à M. Vesque, permet de suivre les variations du phénomène : un rameau quelconque est fixé par un bouchon sur un flacon plein d'eau, de façon que la tige, dépassant le bouchon, plonge dans le liquide. D'autre part, un tube de verre de très fine ouverture est fixé sur le même bouchon et coudé horizontalement. Le tout étant plein d'eau, de telle façon que celle-ci déborde par le tube, il suffit de porter l'appareil au soleil pour constater une évaporation intense qui peut être mesurée par le mouvement de l'eau dans le tube qui se vide peu à peu, l'eau étant appelée dans le flacon pour remplacer celle qui s'évapore dans les feuilles.

La lumière accélère l'évaporation : toutefois, comme pour l'assimilation du carbone, les divers rayons colorés sont loin d'avoir la même influence, et ceux qui sont le plus efficaces sont précisément ceux qu'absorbent les feuilles.

L'évaporation de 100 grammes de feuilles éclairées par des rayons diversement colorés est en une heure :

D'APRÈS M. DEHÉRAIN

Lumière rouge. . . . .   51 gr.
—   jaune orangé. . . . .   60 gr. 6
—   verte. . . . .   33 gr. 3
—   bleue. . . . .   40 gr. 6

Si on fait passer les rayons lumineux au travers d'un écran fait d'une feuille verte ils perdent toute efficacité : la feuille a retenu au passage les rayons rouges, orangés, jaunes et bleus, qui sont actifs, pour ne laisser passer que les rayons verts dont l'action est faible. La transpiration des plantes qui vivent à l'abri d'ombrages verts est donc ralentie du fait de l'éclairage qu'elles reçoivent; précédemment nous avons vu que, dans les mêmes conditions d'éclairage, elles assimilaient aussi moins de carbone.

En résumé, la transpiration est purement et simplement un phénomène d'évaporation. Les conditions qui favorisent l'évaporation de l'eau en général sont celles qui favorisent la transpiration des plantes, et si la lumière possède une action favorable c'est non par ses rayons colorés qu'elle agit, mais par ses rayons calorifiques. Les rayons calorifiques ont leur maximun d'intensité dans la partie jaune orangée du spectre : ce sont les rayons jaune orange qui favorisent le plus l'évaporation. Car les feuilles ont un pouvoir d'absorption des rayons calorifiques qui est considérable. Elles absorbent ces rayons presque aussi énergiquement que le noir de fumée. Celui-ci ayant un pouvoir absorbant qu'on prend comme terme de comparaison et qu'on représente par 100, M. Maquenne a reconnu que le pouvoir absorbant des feuilles pour la chaleur obscure est d'environ 96.

Un corps perd sa chaleur avec une facilité qui correspond à celle avec laquelle il l'avait acquise, ce qu'on exprime en disant que le pouvoir émissif est égal au pouvoir absorbant. Les feuilles absorbant très facilement la chaleur, elles la perdent avec la même facilité, par rayonnement. Par les nuits claires elles rayonnent vers les couches élevées de l'atmosphère, dont la température est très basse, et perdent tant de chaleur qu'elles peuvent geler alors que le thermomètre est encore bien au-dessus de zéro. Si on interpose un écran qui arrête ces rayons, un vitrage par exemple, un nuage artificiel produit par de la fumée, on arrête ce rayonnement et on évite la gelée : c'est ainsi que s'explique le rôle 'des abris et des nuages artificiels employés dans la culture.

3. — *Quantité d'eau absorbée et évaporée.*

La quantité d'eau que diverses cultures rejettent dans l'atmosphère par hectare et par an, sous forme de vapeur d'eau, a été évaluée par différents auteurs aux chiffres suivants :

D'après MM.	Haberland	Risler	Lawes et Gilbert
Blé.	1.179.920 k.	2.471.000 k.	1.890.000 k.
Seigle . . .	834.890	2.210.000	—
Orge. . . .	1.236.710	—	—
Avoine. . .	2.277.760	4.180.000	—

L'avoine, d'après ces chiffres, serait la céréale dont la culture exige le plus d'eau.

Prenons comme moyenne 1.500.000 kilos d'eau à l'hectare et par an.

Cette quantité représente à peu près le 1/3 de l'eau apportée par la pluie, dans nos régions, où il tombe environ, en hauteur, 0 m. 50 de pluie, ce qui fait par hectare 5.000.000 kilos.

En une année, un hectare en culture rejette dans l'atmosphère un million et demi de kilogrammes d'eau puisés dans la terre par les racines des plantes. On peut donc admettre que chaque kilogramme de matière végétale sèche récoltée aura donné lieu dans l'année à une évaporation d'environ 250 kilogrammes d'eau.

Or un kilogramme de matière végétale récolté à l'état sec contient dans ses tissus l'oxygène et l'hydrogène provenant de 0 k. 450 d'eau prélevés sur l'énorme quantité de ce liquide qui a circulé dans ses tissus et que les données précédentes permettent d'évaluer à 250 kilos.

On voit donc que la plante n'utilise directement que les 18 dix-millièmes de l'eau qu'elle absorbe.

Cette abondante circulation d'eau joue un rôle important.

Elle est indispensable pour diffuser dans toutes les parties de la plante les matériaux nutritifs que les racines puisent dans le sol, et pour permettre le transport et la localisation des produits élaborés par l'organisme végétal à ses différentes périodes d'activité. Elle doit agir comme régulateur de la chaleur, s'opposant par une évaporation plus active à l'élévation de la température des végétaux.

Toutes les circonstances, chaleur, lumière, etc., qui favoriseront une active circulation d'eau dans les organes d'un végétal seront favorables à son développement.

4. — *Comment se fait l'absorption de l'eau.*

Comment cette énorme quantité d'eau pénètre-t-elle dans les plantes ?

Evidemment par les racines.

Mais sous l'influence de quelles forces peut-elle atteindre le sommet des arbres les plus élevés, 80, 100 mètres même ?

Cette question a donné lieu à de vives controverses.

Tout d'abord il faut constater que la pression intérieure dans les végétaux est inférieure à la pression atmosphérique. L'expérience suivante, due à von Hœhmel, l'établit : On courbe un rameau de façon à faire plonger dans de l'eau colorée la partie courbée, si, alors, sous l'eau on pratique la section de la tige, on voit aussitôt l'eau monter dans les canaux; ce qui est rendu visible par la coloration du liquide. L'eau peut ainsi monter instantanément jusqu'à une hauteur de 0 m. 50 dans une tige.

Remarquons en passant que si on pratique cette section sur un point de la tige qui ne soit pas sous l'eau, c'est de l'air qui entre dans les vaisseaux au lieu d'eau. Si, ensuite, on vient à placer le rameau ainsi coupé, la tige dans l'eau, l'air qui remplit les vaisseaux s'oppose à l'ascension de l'eau, et le rameau se flétrit très vite. Aussi est-il bon lorsqu'on coupe une fleur, par exemple, de se servir d'un couteau mouillé, ou bien de couper, de rafraîchir les queues d'un bouquet avant de le placer dans l'eau.

Si l'eau pénètre ainsi avec force dans la tige d'un rameau c'est que dans l'intérieur de cette tige il y a un vide relatif.

La pression y est inférieure à la pression atmosphérique.

Hartig en répétant cette expérience de von Hœhmel sur les rameaux d'un même arbre a constaté que cette dépression est d'autant plus forte que la branche est plus rapprochée du sommet de l'arbre.

Rœhm en fixant un rameau coupé fraîchement à l'extrémité d'un tube de verre plein d'eau, mais plongeant dans une cuve à mercure, constate que les feuilles évaporant l'eau que la tige du rameau puise dans le tube, l'eau diminue dans celui-ci, et que le mercure monte, pouvant atteindre une hauteur de 640 millimètres; près d'une atmosphère.

L'évaporation produit donc une sorte d'appel d'eau très énergique.

La pression atmosphérique pourrait expliquer ces phénomènes, mais comme elle est équilibrée par une colonne d'eau d'environ 10 mètres, on ne voit pas comment elle permettrait l'ascension de l'eau à la cime des arbres plus élevés que 10 mètres.

Il est évident que la pression atmosphérique intervient, mais ce n'est pas la seule force en jeu, car elle n'explique pas la poussée des racines qui produit les pleurs de la vigne par exemple.

Lorsqu'on coupe une branche sur un cep de vigne, on voit la sève s'écouler avec force et abondance, car on a pu en recueillir ainsi jusqu'à 3/4 de litre. En ligaturant la section et la recouvrant d'une vessie, celle-ci se gonfle et éclate : c'est l'expérience de Hales Si, au lieu d'une vessie on fixe un tube manométrique, on observe une pression que Neubauer a vu atteindre 1 atmosphère 1/2. Comment expliquer cela? Deux autres théories sont en présence, nous allons en dire quelques mots.

La première est la théorie de Sachs. Elle repose sur la *capillarité*. On sait que si l'on plonge l'extrémité d'un tube de verre dans de l'eau, on voit immédiatement l'eau monter dans ce tube d'autant plus haut que le tube est plus fin (1).

L'expérience suivante, due à M. Jamin, montre bien la force considérable que peut produire la capillarité. Il tasse fortement de l'amidon dans un vase poreux (un vase de pile), et à l'aide d'un bouchon dans lequel est fixé un manomètre, il ferme hermétiquement le vase, qui, avec son contenu représente bien une masse poreuse, dans laquelle l'eau peut pénétrer par capillarité. En effet, en y plongeant l'appareil l'eau pénètre peu à peu, mais comme l'appareil est hermétiquement clos, c'est en y développant une pression qui atteint 7 atmosphères !

La capillarité, par les pressions élevées qu'elle développe, suffit à expliquer l'ascension de l'eau à de grandes hauteurs, mais elle ne permet pas de comprendre pourquoi la sève s'écoule par la section d'une tige. Car, si par capillarité l'eau peut s'élever dans un tube jusqu'à son sommet, en diminuant la longueur de ce tube on ne voit jamais le liquide s'écouler par l'extrémité.

L'eau monte par capillarité dans un tube mais ne s'écoule jamais par son sommet.

L'autre théorie est celle de Goldlewski.

Elle est basée sur l'osmose. On sait que lorsqu'une solu-

---

1. Si on appelle r le rayon du tube, a^2 une constante, fixe pour chaque liquide et égale à 14,8 pour l'eau, la hauteur h à laquelle monte le liquide est donnée par la formule de Laplace

$$r\left(h + \frac{r}{3}\right) = a^2$$

En l'appliquant au cas des vaisseaux des plantes on voit qu'en leur supposant un rayon de 1 millième de millimètre, la hauteur à laquelle l'eau pourra parvenir, par capillarité, dans ces tubes, sera donnée par l'équation

$$0,001\left(h + \frac{0,001}{3}\right) = 14.8$$

soit sensiblement 14 mètres 80 de hauteur.

tion quelconque est enfermée dans un vase dont les parois sont semi-perméables, si on vient à plonger cet appareil dans de l'eau pure, celle-ci traversera les parois du vase et viendra diluer la solution qu'il contient. Or, la force avèc laquelle l'eau traverse ces parois est considérable. Elle dépend de la concentration et de la nature du corps dissous. L'eau semble chercher à pénétrer dans l'intérieur d'un tel appareil pour diluer, affaiblir la solution qui s'y trouve. Plus cette solution est concentrée, plus la force qui appelle l'eau, la force osmotique, est grande. C'est en atmosphères qu'il la faut mesurer.

Une cellule végétale est en tous points semblable à un vase clos dont les parois sont semi-perméables. Elle est pleine d'un suc dont la concentration peut être élevée. Les cellules des fruits sont gorgées d'un suc qui peut contenir jusqu'à 20 °/° de glucose. L'analyse montre que la concentration des sucs végétaux croît précisément à mesure qu'on s'éloigne de la base. Il s'établit donc une véritable échelle de concentration, et des échanges d'eau se font par osmose de la cellule la moins concentrée à celle qui l'est davantage, déterminant, par conséquent, l'ascension de l'eau. (1)

C'est cette pression osmotique qui fait qu'une cerise, par exemple, plongée dans l'eau, ne tarde pas à éclater; qu'une

---

1. La pression osmotique P est donnée en atmosphères par la formule suivante, dans laquelle p représente le poids du corps en dissolution dans 100 centimètres cubes d'eau, M le poids moléculaire de cette substance dissoute.

$$P = \frac{p}{M} \times 223$$

Pour donner une idée de la force avec laquelle l'eau pénètre dans une cellule, suposons-la pleine d'un suc constitué simplement par de l'eau pure saturée d'acide carbonique, contenant par conséquent 2 grammes par litre de ce corps. La formule précédente donne :

$$P = \frac{0.2}{44} \times 223 = 1 \text{ atmosphère.}$$

En reprenant le cas d'une cellule gorgée d'un suc a 20 0/0 de glucose cette pression atteindrait 25 atmosphères.

graine, dans les mêmes conditions, s'ouvre en brisant son enveloppe.

L'ascension de l'eau pourrait donc se faire de proche en proche avec une pression qui augmenterait même à mesure qu'on s'approcherait du sommet puisque, comme nous l'avons dit plus haut, les sucs contenus dans les cellules sont d'autant plus concentrés que ces cellules sont plus rapprochées du sommet de la plante et que l'eau pénétrera avec d'autant plus de force dans une cellule que la solution renfermée dans celle-ci sera plus concentrée.

En résumé, il est probable que les trois forces que nous venons de passer en revue : pression atmosphérique, capillarité, pression osmotique, agissent concurremment pour produire l'ascension de l'eau.

CHAPITRE IV

ASSIMILATION DE L'AZOTE.

La proportion d'azote contenue dans les plantes est loin de présenter la fixité qu'on observe pour les éléments précédents, carbone, hydrogène et oxygène ; très variable d'une espèce à une autre et très différente dans les diverses parties d'un même végétal, elle est aussi beaucoup plus faible.

Les graines sont plus riches en azote que les feuilles et celles-ci plus riches que les branches et le tronc.

1.000 k. de luzerne fraîche contiennent 7 k. 20 d'azote (Wolff).

de pois (plante entière) . .	5	»	»	»
de pommes de terre (tuberc.)	4	50	»	»
de paille de blé d'hiver . .	8	19	(G. Ville)	
de blé d'hiver (grains). . .	28	29	»	»
de pois (grains)	42	58	»	»

L'azote se trouve combiné, dans les tissus végétaux, au carbone, à l'hydrogène, à l'oxygène et forme les matières albuminoïdes, ou azotées, qui sont de la plus haute importance pour l'alimentation de l'homme et des animaux (1).

---

1. Voir le n° 42 de notre collection : l'*Hygiène de la Table*, par M. Rocques.

Tandis que les plantes trouvent à volonté du carbone, de l'oxygène et de l'hydrogène, que l'air et l'eau leur fournissent à discrétion (en cas de sécheresse, toutefois, on est obligé d'arroser), pour l'azote il n'en est plus ainsi.

Nous allons voir, en effet, que si une notable proportion de l'azote des récoltes vient de l'air, lequel étant un mélange d'oxygène et d'azote constitue un réservoir d'azote infini, la majeure partie vient du sol : et là, il peut manquer. C'est ce qui fait qu'en pratique on est fréquemment obligé d'ajouter de l'azote à la terre, sous forme d'engrais (1).

L'azote des végétaux a deux origines distinctes.

Une partie vient de l'air.

Une partie vient du sol.

Assimilation de l'azote venant de l'air.

1. — *Historique.*

Si on met en balance, d'une part l'azote contenu dans la récolte et, d'autre part, l'azote qu'on lui a fourni sous forme d'engrais, on trouve toujours plus d'azote dans la récolte que dans l'engrais. Ce fait a été mis en évidence par les célèbres expériences de Boussingault à Bechelbronn. Il constate que la balance de l'assolement triennal accuse un gain d'azote de 1 k. 53 par hectare et par an ; pour l'assolement de 5 ans, de 12 k. 6 ; pour une culture comprenant 5 ans de luzerne suivis d'une année de froment, de 142 kilos par an.

Le sol s'épuiserait donc promptement en azote si celui de l'air ne venait former l'appoint.

Etablissons, d'après M. Maquenne, la balance *moyenne* de la culture au point de vue de l'azote :

La récolte enlève environ 80 kilos d'azote par hectare.

Les eaux de drainage enlèvent à la terre, comme nous le verrons plus loin, environ 50 kilos d'azote par l'entraînement des nitrates.

Les matières organiques azotées que contient le sol, en se décomposant, produisent de l'ammoniaque dont une partie

---

1. Voir le n° 37 de notre collection : *Les Engrais chimiques.*

s'échappe et se perd dans l'air : soit 20 kilos d'azote perdus par an.

Enfin ces mêmes matières dégagent pendant leur décomposition de l'azote en nature. En résumé, chaque hectare cultivé perd, par an, environ 150 kil. d'azote.

D'un autre côté cette même surface reçoit, sous forme de fumier, environ 50 kil. d'azote. — Les eaux de la pluie apportent de l'ammoniaque et des nitrates, c'est-à-dire de l'azote, soit 10 kil. par an. Enfin la terre fixe de l'ammoniaque qu'elle emprunte à l'air, soit environ 10 kil. d'azote, d'après M. Schlœsing.

BALANCE PAR HECTARE ET PAR AN.

Azote enlevé.		Azote apporté.	
Récolte.	80 k.	Fumier.	50 k.
Drainage.	50 k.	Pluie.	10 k.
Ammoniaque dégagée.	20 k.	Ammoniaque fixée.	10 k.
Azote dégagé	Mémoire.		
	150 k.		70 k.

Il y a donc une différence de 80 kil. que, seule, l'intervention de l'azote de l'air peut combler.

Comment cet azote de l'air intervient-il ?

Boussingault, en 1836, avait entrepris des cultures dans des pots remplis de sable calciné additionné de cendres végétales, c'est-à-dire sans azote, et il avait constaté dans la récolte plus d'azote que les graines semées n'en contenaient. Toutefois, ce gain ne se réalisait que sur des légumineuses et non sur des graminées. Il l'attribua à l'azote de l'air.

Cependant le gain d'azote était assez faible.

Admettre l'intervention de l'azote de l'air alors que, même dans les laboratoires, on réussit difficilement à l'engager dans des combinaisons, parut une hypothèse hasardée et, comme dans de nouvelles expériences, Boussingault ne réussit pas à mettre en évidence un gain d'azote appréciable, il renia sa première interprétation et nia résolument que l'azote de l'air pût intervenir. Cependant, comme l'air contient un peu d'ammoniaque (composé d'azote et d'hydrogène (Az H³) il pensait que ce corps était peut-être la source de l'azote en excès contenu dans les récoltes.

Telle était l'autorité scientifique de Boussingault, que le monde savant adopta, jusqu'en ces derniers temps, cette manière de voir.

Cependant, dès 1851, M. Georges Ville avait repris l'hypothèse primitive de Boussingault. Tout d'abord par un grand nombre de dosages il reconnut que l'atmosphère ne contenait qu'une très faible proportion d'ammoniaque :

2 à 3 milligrammes pour 100 mètres cubes d'air,

proportion tout à fait insuffisante à expliquer l'excédent . d'azote accusé par les balances précédentes. Depuis, les nouvelles expériences de M. Schlœsing ont vérifié l'exactitude de ces déterminations. Il fallait donc écarter l'hypothèse de l'intervention de l'ammoniaque de l'air.

D'autre part, les expériences de culture de Boussingault étaient faites dans des creusets ne contenant que trop peu de terre pour y obtenir des plantes semblables à celles qu'on obtient dans la culture. Boussingault n'obtenait que des plantes chétives, des plantes limites.

M. Georges Ville reprit ces expériences de culture dans des pots de biscuit de porcelaine qui contenaient un kilo de sable calciné. Dans ces conditions, il obtenait des plantes dont le poids pouvait atteindre 40 ou 50 fois le poids des graines semées, c'est-à-dire semblables à celles obtenues dans la culture et, alors, il constatait un gain sérieux d'azote.

Mais ses expériences n'entraînèrent pas la conviction tant était grande la prévention à l'égard de toute intervention de l'azote gazeux.

2. — *Fixation de l'azote par les légumineuses.*

C'est seulement en 1885 que deux savants allemands, Hellriegel et Willfarth apportèrent le témoignage d'expériences tellement décisives que le doute n'était plus permis.

Ils constatèrent que les plantes de la famille des légumineuses, pois, haricots, trèfle, etc., peuvent se développer admirablement, dans des pots remplis de sablé calciné additionné de cendres végétales, sans qu'il y ait *aucune trace de matière azotée* par conséquent, mais qu'alors on trouve, sur leurs racines, de petits tubercules blanchâtres. Lorsque, dans ces conditions ces plantes restent chétives et meurent même, c'est que sur leurs racines, on ne rencontre pas ces nodosités.

Examinées au microscope, on voit ces nodosités, ces tubercules remplis de bactéries : ce sont donc ces bactéries qui fournissaient l'azote à la plante ; en leur absence la plante mourait faute d'azote.

Sur les racines des autres plantes, les graminées, par exemple, ces observateurs constataient l'absence de pareils tubercules, et constataient en même temps que ces plantes étaient incapables de se développer, si on ne leur fournissait directement de l'azote dans le sol, sous forme de nitrate de soude, par exemple.

Ainsi donc c'était à une espèce de ces êtres microscopiques, dont le rôle nous a été révélé par l'illustre Pasteur, que les légumineuses devaient de pouvoir se développer dans un sol ne contenant pas d'azote. Ces bactéries, vivant sur leurs racines, étaient les pourvoyeurs, les agents qui prenaient l'azote *dans l'air* pour le leur céder.

M. Bréal en donnait bientôt une éclatante démonstration : prenant deux pois nouvellement germés dont les racines étaient indemnes, il inocule l'une d'elles en la piquant d'une aiguille préalablement trempée dans le suc d'une nodosité provenant d'une autre légumineuse. Le pois dont les racines ont été ainsi inoculées se développe, accuse un gain d'azote de 0 gr. 101, tandis que l'autre plant reste chétif, incapable de s'emparer de l'azote de l'air.

Mais, comment se fait-il que l'on rencontre de semblables bactéries sur les racines de légumineuses ?

C'est que la plupart des terres sont remplies de ces microbes. Il suffit de délayer un peu de terre dans de l'eau pour en avoir un véritable bouillon.

Ayant établi deux séries de cultures parallèles de lupin, dans de la terre calcinée, c'est-à-dire ne contenant pas de matières azotées, et ne pouvant contenir de bactéries puisque la calcination les a détruites, Hellriegel et Willfarth ajoutent aux pots de l'une des séries de la délayure de terre : tandis que la série non inoculée donne des plantes chétives, qui ne pèsent pas un gramme, la seconde série, qui a reçu de la délayure de terre, donne des récoltes de 45 grammes, avec un gain d'azote qui dépasse un gramme.

2 grains de lupin par pot

Sol stérilisé et non ensemencé de délayure.		Sol stérilisé puis ensemencé de l'eau de lavage de 5 grammes de terre.		
Récolte sèche	Azote	Récolte sèche	Azote	Gain d'azote
0 gr. 918	0 gr. 0146	44 gr. 73	1 gr. 099	1 gr. 077
0 gr. 921	0 gr. 0132	44 gr. 48	1 gr. 194	1 gr. 121
1 gr. 021	0 gr. 0133	42 gr. 45	1 gr. 337	1 gr. 243

Donc, lorsque les légumineuses portent des tubercules sur leurs racines (tubercules qui ont la grosseur d'un grain de millet, mais qui peuvent atteindre celle d'un pois), elles peuvent prendre tout leur azote dans l'air et prospérer sur un sol qui n'en contient pas.

Si le sol contient les bactéries qui provoquent la formation de ces nodosités, les légumineuses en seront par ce fait pourvues.

Ainsi s'explique l'insuccès répété de cultures de légumineuses dans certaines régions. Que faut-il pour qu'elles réussissent? Prendre de la terre d'un champ où, au contraire, elles réussissent bien et la répandre sur le sol stérile.

Dans le commerce on trouve maintenant des cultures préparées en flacon des bactéries de chaque espèce de légumineuses; il suffit de délayer le contenu du flacon dans un peu d'eau, et d'y faire tremper les graines avant de les semer. On les inocule ainsi avant le semis. Cette pratique donne les plus avantageux résultats, car, si les légumineuses en question n'étaient pas accompagnées de leurs pourvoyeurs d'azote, elles ne pourraient prendre cet élément dans l'air, il faudrait bien le leur fournir sous forme d'engrais, or l'azote est, de tous les aliments des plantes, celui qui de beaucoup coûte le plus cher.

Voilà la raison pour laquelle de tous temps les cultures de plantes appartenant à la famille des légumineuses, trèfle, luzerne, etc., ont pu être considérées comme des cultures améliorantes. Elles laissent après la récolte de nombreuses racines, des débris de feuilles, dont les tissus n'ont emprunté qu'à l'air, l'azote qu'ils contiennent et dont le sol se trouve désormais gratuitement enrichi.

3. — *Fixation de l'azote par la terre.*

Les légumineuses, grâce aux bactéries de leurs nodosités, sont-elles les seules plantes qui puissent puiser de l'azote dans l'air ?

Berthelot, au moment même où les expériences précédentes étaient publiées, démontrait que la terre contient une infinité d'êtres vivants, de microbes qui vivent aussi de l'azote de l'air, se développent dans son sein et forment de la matière azotée, dont la terre s'enrichit sans cesse.

Ayant déterminé la quantité d'azote contenue dans divers échantillons de terre, il place ces échantillons dans des vases et les abandonne pendant plusieurs mois. Au bout de ce temps, il constate, à l'analyse, que tous contiennent plus d'azote qu'au début. Ici il s'agit de terre nue, enfermée dans des pots, il n'y a pas de culture, c'est la terre elle-même qui s'enrichit en azote ! Pour savoir si cet enrichissement est bien le fait de la vie de germes vivants, ce savant calcine quelques-uns des échantillons de terre : la terre est morte, et, après plusieurs mois, la teneur en azote est la même qu'au début. ·

La terre contient donc des êtres inférieurs capables de fixer l'azote et, par conséquent, d'enrichir le sol des matières azotées de leur dépouille et de leurs excrétions. Les cultures, quelles qu'elles soient, qui viendront sur ce sol, profiteront de l'apport d'azote, et voilà comment toutes les plantes peuvent puiser, indirectement, de l'azote dans l'air.

Dans toutes les expériences rapportées jusqu'ici le gain

d'azote était établi par différence : d'une part, détermination
de l'azote contenu dans les semences et dans le sol employé,
d'autre part, dosage de l'azote dans la récolte et dans le sol,
après cette récolte. La différence était attribuée à l'intervention de l'azote de l'air.

MM. Schlœsing fils et Laurent en ont fait la preuve di-
recte. Ils ont réalisé des cultures dans des cloches fermées
et réussi à mesurer l'azote contenu dans l'atmosphère des
appareils, *avant* et *après*.

Ces déterminations, dont la délicatesse est extrême, ont
vérifié les faits précédents : l'azote gazeux disparu était
bien égal à l'azote en excès trouvé dans la culture.

Ces expériences ont encore eu un autre résultat : ces
savants ont constaté que la terre se couvre de moisis-
sures, d'algues vertes, dans les pots de culture et que ces
organismes, d'un ordre plus élevé que celui des microbes précédents, puisqu'il s'agit là de véritables plantes à
chlorophylle, sont également capables de se nourrir de
l'azote de l'air.

Mais les quantités d'azote dont les microbes et les algues
peuvent enrichir la terre ne sont pas assez importantes pour
suffire aux exigences de la culture. Cet apport suffit, seulement, à expliquer en partie les heureux effets de la jachère,
il suffit à entretenir indéfiniment une végétation spontanée
sur des terres sans engrais, qui, peu à peu, s'enrichissent
par l'accumulation des débris végétaux et finissent par de-
venir des terres fertiles.

La conclusion est que toutes les plantes qui n'appar-
tiennent pas à la famille privilégiée des légumineuses, ne
pourront se développer que si le sol contient déjà une
réserve suffisante d'azote sous forme de nitrate, de sels
ammoniacaux, de matières organiques : ce dont nous
parlons au chapitre suivant.

Assimilation de l'azote contenu dans le sol.

1. — *Décomposition des matières organiques.*

La terre contient toujours des débris végétaux qui pour-
rissent peu à peu et constituent l'humus, la matière noire,

si abondante dans le terreau. Tandis que pendant leur vie les plantes s'emparent de l'eau, de l'acide carbonique et de l'azote, pour former de la matière organique, en rejetant de l'oxygène dans l'air : après leur mort, on voit les phénomènes inverses se produire. Les débris végétaux subissent dans le sol une véritable combustion : ils s'emparent de l'oxygène pour brûler leur carbone et le dégager sous forme d'acide carbonique, en même temps que l'azote s'échappe, soit libre, soit en grande partie sous forme d'ammoniaque.

Ce travail lent de combustion est encore l'œuvre d'infiniment petits, et c'est le cas de répéter ce qu'a dit Pasteur : « sans eux la vie s'arrêterait, parce que l'œuvre de la mort serait incomplète. »

La décomposition lente des débris organiques dans le sol fournit donc, lentement, de l'ammoniaque aux plantes qui y croissent, et c'est grâce à cette décomposition que l'azote des matières organiques rentre dans le cycle de la vie; car, l'azote engagé dans les multiples combinaisons qui forment la matière végétale, ne paraît pas pouvoir servir à l'alimentation végétale.

2. — *Nitrification.*

Cependant, ce n'est pas encore sous forme d'ammoniaque, (quoiqu'il soit assimilablo par les plantes sous cette forme déjà simple), que l'azote va être absorbé.

D'autres ferments vont s'en emparer et, grâce à l'oxygène de l'air, que le sol contient abondamment, le transformer en acide nitrique, c'est-à-dire en nitrates. C'est là le phénomène si important de la *nitrification*, dans lequel le rôle des microbes a été découvert en 1878 par MM. Müntz et Schlœsing, puis étudié par Winogradski, Warington, Frankland, etc.

En 1890, Winogradski a montré que le phénomène comprenait deux périodes. Dans la première, l'azote est transformé en nitrites, et, dans la seconde, ce sont ces nitrites, qu'un organisme, qu'il a isolé, transforme en nitrates par un complément d'oxydation.

C'est, d'une manière générale, sous forme de nitrates que l'azote rentre dans le cycle vital; sous cette forme l'azote est vraiment de l'azote utile et les plantes trouveront dans le sol une nourriture azotée d'autant plus abondante, que le travail de la nitrification aura été plus actif.

Ceci nous explique pourquoi certaines cultures, dont la récolte n'exige que quelques kilos d'azote, souffrent de la *faim d'azote*, sur certaines terres où l'analyse révèle, cependant, des réserves d'azote organique de plusieurs milliers de kilos. C'est qu'alors la nitrification de ces réserves, leur transformation en azote utile ne s'opère pas avec une rapidité suffisante pour faire face aux exigences de la culture.

La nitrification s'opère mal quand la température est trop basse, elle s'arrête à 5°. A 35° elle acquiert son maximum d'activité. Elle exige un certain degré d'humidité et d'aération de la terre ; s'arrête si le sol est trop humide, car alors son aération est insuffisante, et cesse également s'il est trop sec.

Enfin, l'évolution des microbes de la nitrification ne peut se faire que dans un milieu légèrement alcalin. La nitrification n'a donc pas lieu dans les terres acides de bruyères, de marais, de forêts. Le chaulage ou le marnage, en rendant les terres alcalines, favorisent remarquablement la transformation en nitrates, c'est-à-dire en azote utile, des matières organiques du sol.

Les conditions qui favorisent la nitrification sont précisément réunies, dans la nature, à une époque de l'année où les récoltes sont faites. Très peu intense au printemps, alors que la plupart des cultures demandent le plus d'azote, la nitrification a son maximum d'activité en été et en automne. Ainsi que l'a établi M. Dehérain, il se produit alors des nitrates en abondance ; malheureusement, ces sels, dont la solubilité est extrême, sont entraînés par les pluies d'automne dans les ruisseaux, et de là, dans la mer, et perdus pour la terre. C'est même grâce à eux et par eux que vivent la faune et la flore des mers.

Pour retenir ces nitrates précieux, M. Dehérain, le savant professeur du Muséum, conseille de faire des cultures dérobées d'automne, dont l'importance économique apparaît ainsi clairement.

Peut-être pourra-t-on donner aux ferments de la nitrification une activité plus grande, en dépit des conditions climatériques insuffisantes qui règnent au printemps? C'est ce qu'apprendront les importantes expériences de M. Dehérain actuellement en cours à Grignon. Ayant étalé, pendant l'hiver, sous un hangar, à l'abri du froid, de la terre prise dans le champ, M. Dehérain a soin de la tenir légèrement humide par des arrosages fréquents, et de la faire souvent retourner à la pelle pour la bien aérer. Ainsi soustraits à l'action du froid, placés dans les meilleures conditions possibles d'aération et d'humidité, les microbes nitrifiants ne tardent pas à montrer une grande activité. On obtient une véritable culture de microbes nitrifiants; si, alors, on sème sur le sol, au printemps, cette terre remplie de microbes en pleine activité, on peut espérer qu'ils conserveront leur énergie et produiront une nitrification active, à ce moment précis, où la culture réclame de l'azote, et où les ferments, engourdis par les froids de l'hiver, ne sont pas encore réveillés et nitrifient à peine.

3. — *Rôle des engrais azotés.*

Nous avons vu que les plantes utilisent l'azote des matières organiques du sol après qu'il a été transformé en nitrates. Mais, si le sol contient trop peu de matières organiques, ou si la nitrification, malgré les chaulages, marnages et les labours, pratiques qui la favorisent, n'est pas assez active, il est évident que les plantes souffriront du manque d'azote, et qu'on devra en fournir sous forme d'engrais (1).

Si celui-ci est du nitrate de soude, son action sera immédiate; point ne sera besoin de le donner d'avance, au contraire, on évitera ainsi qu'il ne soit entraîné par les pluies.

Sous forme de sels ammoniacaux et surtout sous forme de matières organiques: fumier, débris divers, corne, sang, etc., il faudra le mettre en terre longtemps d'avance, afin de permettre sa transformation préalable en nitrates.

---

1. Voir n° 37 de la collection : *Les Engrais chimiques.*

CHAPITRE V

ASSIMILATION DES MATIÈRES MINÉRALES

1. *Nature des matières minérales contenues dans les cendres.*

Les plantes laissent après leur combustion une quantité, très variable, de matières minérales, de *cendres*.

Les végétaux herbacés en fournissent plus que les arbres, et les feuilles plus que les tiges et le bois. On peut s'en rendre compte par les chiffres suivants, empruntés à divers auteurs :

1.000 kilos de substance sèche fournissent en cendres :

Bois de chêne.	2 kil.
Feuilles de chêne.	53 —
Feuilles de peuplier	8 —
Pailles de froment.	43 —
Balles de froment	120 —
Grains de froment.	17 —
Luzerne.	18 —
Trèfle roux.	16 —
Pommes de terre.	9 —
Tiges et feuilles de betteraves.	15 —
Betteraves.	8 —
Tiges et feuilles de pois.	49 —
Pois.	24 —

Les matières minérales qui constituent les cendres sont toujours formées, mais en proportion variable,

de *phosphore* sous forme de		phosphates,
de *soufre*	—	sulfates,
de *chlore*	—	chlorures,
d'acide *carbonique*	—	carbonates,
ou de *i ice* libre	et de	silicates,

et de :

> *Potasse,*
> *Chaux,*
> *Magnésie,*
> *Oxyde de fer* et de *Manganèse;*

ces bases étant unies aux acides précédents.

On y trouve aussi, mais accidentellement, du sable et des matières terreuses, qui, par la pluie, ont été projetés et se sont attachés sur les divers organes de la plante.

Parfois on y trouve du *Brôme* et de l'*Iode*, à l'état de bromure et d'iodure. C'est le cas des plantes marines, dont les cendres sont précisément l'une des sources d'extraction de ces éléments.

On peut y trouver du *Zinc.*

Telles sont les cendres de la « Viola calaminaria ».

Enfin, on peut constater parfois la présence d'*Alumine*, de *Cuivre*, d'*Acide Borique,* mais en très faible proportion, sans qu'on sache encore si la présence de ces derniers éléments n'est pas purement accidentelle et s'ils sont réellement intervenus dans la nutrition végétale.

M. Grandeau a même constaté dans des cendres de feuilles de betteraves, au moyen de l'analyse spectrale, des traces de Rubidium et de Césium.

D'une manière générale, le phosphore, la potasse, la chaux et la magnésie sont les éléments fondamentaux des cendres végétales ; les autres n'ont qu'une importance très secondaire.

2. — *Origine de ces matières minérales.*

Rôle des engrais minéraux.

Toutes ces matières minérales viennent du sol ; c'est dans la terre, par leur racines, que les plantes les ont puisées.

Il semble que dans une certaine mesure, les végétaux puissent adapter leurs besoins aux ressources dont ils peuvent disposer et remplacer en partie la potasse, par exemple, si le sol en contient peu, par de la chaux, si celui-ci est très calcaire.

Il peut se faire aussi que l'abondance de certains éléments dans le sol soit la seule cause d'une absorption plus élevée de ces principes, sans qu'il y ait eu élection de ceux-ci par la plante.

Toutefois la variabilité de composition des sols explique que, pour une même plante, les cendres ne soient pas constituées rigoureusement de la même manière.

Ce qui est certain c'est que la plante n'acquiert son maximum de développement que lorsque le sol lui offre, à discrétion, **tous** les éléments constitutifs de ses cendres.

Si l'un d'eux vient à manquer, ou même à se trouver en quantité insuffisante, la récolte diminue dans d'énormes proportions.

Fort heureusement toutes les terres contiennent la plupart de ces principes minéraux.

Quelques-uns seulement manquent ou se présentent en quantité insuffisante : il faut alors les ajouter à la terre et ils s'appellent des *Engrais*. Ce sont :

Presque toujours, l'acide phosphorique;

Parfois, la chaux et la potasse;

Plus rarement la magnésie (1).

3. — *Absorption des matières minérales par les racines.*

Toutes ces substances minérales sont insolubles dans l'eau pure, mais elles sont légèrement solubles dans l'eau chargée d'acide carbonique, comme l'est celle dont la terre est imprégnée; aussi est-ce à l'état de dissolution qu'elles pénètrent dans les racines.

De plus, le suc qui gorge ces dernières étant légèrement acide, cette acidité intervient pour faciliter leur dissolution.

Nous avons vu que la formation de 1 kilogramme de matière végétale sèche avait exigé une circulation d'eau qu'on peut fixer à environ 250 kilos (page 15) : appliquons cette donnée au blé, par exemple.

Comme 1 kilogramme de blé sec contient environ 64 grammes de matières minérales (Joulie), il en ré-

---

1. Voir le n° 37 de notre collection : *Les Engrais chimiques.*

sulte que 250 kilos d'eau ont apporté 64 grammes de matières minérales, ce qui fait pour chaque litre d'eau ayant traversé la plante 256 milligrammes de substances dissoutes.

C'est à peine la teneur de l'eau de Seine en matières minérales.

L'énorme quantité d'eau qui circule explique donc, facilement, comment malgré leur insolubilité relative, les minéraux du sol peuvent pénétrer dans les plantes, puisqu'il suffit que chaque litre d'eau en apporte 1/4 de gramme en dissolution.

Nous avons dit que les matières minérales étaient très irrégulièrement réparties dans les divers organes végétaux. Il se produit, en effet, une localisation dont le mécanisme est facile à comprendre.

Le carbonate de chaux se trouve dans l'eau, dissous à la faveur de l'acide carbonique ; or, lorsque cette eau pénètre dans le système évaporatoire des plantes, dans les feuilles, elle est vaporisée et le carbonate de chaux se trouve abandonné, insolubilisé, fixé dans les feuilles. Aussi sont-ce les feuilles qui le contiennent en majeure partie ; elles arrêtent la chaux au passage ; on n'en voit pour ainsi dire pas dans le grain.

Mais, ce que l'on conçoit pour la chaux, la silice, qui deviennent facilement insolubles, peut sembler plus difficile à expliquer lorsqu'il s'agit de l'acide phosphorique et de la potasse qu'on voit rester en solution dans le suc végétal.

La preuve que ces substances restent en dissolution, est que, dans la fabrication du sucre, qui se fait en exprimant le jus des betteraves, on voit le phosphate de potasse s'accumuler en telles quantités dans les résidus, que les vinasses de betteraves sont exploitées pour la potasse qu'elles contiennent.

L'acide phosphorique et la potasse étant dissoutes devraient, par diffusion, se répartir également dans toutes les parties du végétal. Ces éléments sont cependant répartis très inégalement.

Isidore Pierre a, sur ce sujet, fait de nombreuses expériences et voici un tableau extrait de ses travaux :

Acide phosphorique contenu dans un hectare de *colza*.

	Racines	Tiges effeuillées	Sommet des tiges	Feuilles vertes	Feuilles mortes	Récolte entière	Poids de la récolte sèche
22 Mars	7 k. 67	9 k. 59	3 k. 77	17 k. 16	»	38 k. 59	3712 k.
2 Avril	8 00	14 64	5 09	15 65	1 k. 58	44 96	4291
6 Mai	10 35	31 14	23 23	12 06	6 53	83 31	8547
6 Juin	8 30	14 50	47 34	0 84	0 95	71 93	9201
20 Juin	8 32	10 45	64 66	»	»	83 43	9194

Ainsi, on voit le sommet des tiges s'enrichir de plus en
plus d'acide phosphorique, tandis que les feuilles vont s'ap-
pauvrissant.

Isidore Pierre a étudié cette migration de l'acide phosphorique sur les différentes feuilles de blé, en descendant
de la première feuille du haut à la cinquième feuille, au
pied.

Acide phosphorique dans les feuilles du blé sur un hectare.

	Cinquièmes feuilles	Quatrièmes feuilles	Troisièmes feuilles	Secondes feuilles	Premières feuilles
5 Juin	0 k. 67	0 k. 97	0 k. 59	1 k. 70	1 k. 91
6 Juillet	0 05	0 34	0 85	1 70	2 06

Du 5 juin au 6 juillet, les feuilles du bas ont presque
entièrement cédé leur acide phosphorique, dont les feuilles
du haut se sont enrichies.

On constaterait une migration semblable pour la potasse.
Lorsque la plante forme sa graine, on voit les éléments
essentiels, tels que l'acide phosphorique, la potasse et

l'azote, s'acheminer vers le sommet et s'accumuler dans la semence, pour former la provision alimentaire dont vivra l'embryon lors de la germination future, tandis que les éléments tels que la chaux, la magnésie, le fer, la silice, etc., semblent délaissés, et se concentrent dans les parties basses.

Pour expliquer cette localisation, il faut admettre que ces éléments, bien que très solubles, forment sous l'influence des forces spécifiques de la graine, par exemple, des combinaisons insolubles. La liqueur, débarrassée ainsi d'une certaine quantité des sels qu'elle tenait en dissolution, s'appauvrit, mais, par diffusion, l'équilibre de concentration se rétablit dans toute la plante, si bien que, peu à peu, la totalité des sels dissous peut se trouver concentrée par insolubilisation dans tel ou tel organe du végétal.

Cette insolubilisation locale est manifeste pour l'azote.

Tandis que les matières azotées qu'on retrouve dans le suc de la plante sont solubles, celles qu'on trouve dans la graine sont, au contraire, parfaitement insolubles.

RÉSUMÉ

Pour qu'une plante parvienne à son maximum de développement il faut qu'elle trouve, dans le milieu où elle doit vivre, les matériaux dont elle constituera ses tissus et qu'elle soit placée dans les conditions les plus favorables pour en tirer parti.

Elle vit :

d'acide carbonique . . . voir page .	5
d'eau. . . . . — . . .	11
d'azote. . . . . — . . .	20
et de matières minérales. . . — . . .	31

Le Gérant : HENRI GAUTIER.

IMP NOIZETTE ET Cⁱᵉ, 8, RUE CAMPAGNE-PREMIÈRE, PARIS.

N° 61

LES

Projections Lumineuses

PAR

GUSTAVE PHILIPPON

A cette époque, les soirées sont longues, et la lanterne magique est une des récréations les plus attrayantes dans la famille; elle s'appelle lanterne à projections à l'école. L'un et l'autre de ces appareils est le précieux auxiliaire du causeur ou du conférencier. Le volume que nous publions, sous le titre indiqué ci-dessus, est un manuel pratique propre à guider l'apprenti conférencier dans ses premières tentatives. Il y trouvera les conseils nécessaires à le guider dans le maniement des appareils à projections, dans la confection des verres positifs. A ce dernier point de vue, il complète les volumes de MM. Lumière sur la photographie.

ABONNEMENT

On s'abonne aux VINGT-SIX volumes d'une année
de la Bibliothèque Scientifique des Écoles et des Familles.

LES ABONNÉS RECEVRONT RÉGULIÈREMENT UN VOLUME TOUS LES QUINZE JOURS
LE SAMEDI

PRIX DE L'ABONNEMENT D'UN AN

FRANCE — BELGIQUE ET ALGÉRIE	ÉTRANGER ET COLONIES SAUF LA BELGIQUE ET L'ALGÉRIE
QUATRE FRANCS 50 centimes	CINQ FRANCS 50 centimes

On s'abonne pour un an en envoyant le montant de l'abonnement, en mandat-poste, timbres français ou valeur sur Paris, à M. HENRI GAUTIER, éditeur, 55, Quai des Grands-Augustins, à Paris.

IMP. NOIZETTE ET Cie, 8, RUE CAMPAGNE-1re, PARIS.

9 782016 167847